GUTI FEIWU WURAN
FANGZHI SHOUCE

固体废物污染防治手册

《生态文明宣传手册》编委会　编

中国环境出版集团·北京

图书在版编目（CIP）数据

固体废物污染防治知识手册 / 《生态文明宣传手册》编委会编. -- 北京：中国环境出版集团, 2018.4（2018.11重印）

ISBN 978-7-5111-3630-5

Ⅰ. ①固… Ⅱ. ①生… Ⅲ. ①固体废物污染－污染防治手册 Ⅳ. ①X5-62

中国版本图书馆CIP数据核字(2018)第075763号

出 版 人　武德凯
责任编辑　赵惠芬
责任校对　任　丽
装祯设计　彭　杉

出版发行　中国环境出版集团
（100062 北京市东城区广渠门内大街16号）
网　　址：http://www.cesp.com.cn
电子邮箱：bjgl@cesp.com.cn
联系电话：010-67112765（编辑管理部）
010-67112736（环境技术分社）
发行热线：010-67125803 010-67113405（传真）
印　　刷　北京市联华印刷厂
经　　销　各地新华书店
版　　次　2018年4月第1版
印　　次　2018年11月第2次印刷
开　　本　787×1092 1/32
印　　张　1
字　　数　30千字
定　　价　3元

目　录

固体废物基础知识

1.什么是固体废物

固体废物是指在生产、生活和其他活动过程中产生的，丧失原有的利用价值或者虽未丧失利用价值但被抛弃或者放弃的固体、半固体和置于容器中的气态物品、物质以及法律、行政法规规定纳入废物管理的物品、物质。不能排入水体的液态废物和不能排入大气的置于容器中的气态物质，由于多具有较大的危害性，一般归入固体废物管理体系。各类生产活动中产生的固体废物俗称废渣；生活活动中产生的固体废物则称为垃圾。

“固体废物”实际只是针对原所有者而言。在任何生产或生活过程中，所有者对原料、商品或消费品，往往仅利用了其中某些有效成分，而对于原所有者不再具有使用价值的大多数固体废物中仍含有其他生产行业需要的成分，经过一定的技术环节，可以将其转变为有关行业中的生产原料，甚至可以直接使用。可见，固体废物的概念随时空的变迁而具有相对性。提倡资源的社会再循环的目的是充分利用资源，增加社会与经济效益，减少废物处置的数量，以利社会发展。

2. 固体废物污染的特点

固体废物污染相对于水污染及大气污染，具有以下特点：

一是自然界对固体废物的稀释、净化能力较差。水体对废水有较强的稀释、净化能力，大气对废气也具有较强的稀释、净化能力，而固体废物一旦产生，靠自然环境的稀释、净化能力消除过程较为缓慢。

二是固体废物具有转移的隐蔽性。因为固体废物与废水、废气相比流动性较差，便于运输，其转移渠道较多，非法倾倒的风险较大。

三是固体废物危害性强、治理难度大，一旦发生固体废物对环境的污染，其后果将非常严重；随意丢弃、堆放或填埋固体废物以及固体废物的最终处置物会污染和消耗不可再生的土地资源，并可能污染地下水。

3.固体废物污染的防治

固体废物污染防治应遵循“减量化”“资源化”“无害化”原则。

减量化意味采取措施来减少固体废物的产生量，最大限度地合理开发资源和能源，这是治理固体废物污染环境的首先要求和措施。

资源化是指对已产生的固体废物进行回收加工、循环利用或其他再利用等，即通常所称的废物综合利用。使废物经过综合利用后直接变成为产品或转化为可供再利用的二次原料，这样不仅实现了资源化、减轻了固废的危害，还可以减少浪费，获得经济效益。

无害化是指对已产生但又无法或暂时无法进行综合利用的固体废物进行对环境无害或低危害的安全处理、处置，还包括尽可能地减少其种类、降低危险废物的有害浓度，减轻和消除其危险特征等，以此防止、减少或减轻固体废物的危害。例如，废弃农药包装物（如塑料容器）、属于医疗废物的废塑料，考虑其社会风险，不宜进行物质再生（如塑料造粒），一般是以焚烧的方式进行无害化处置。

4. 我国关于固体废物管理的政策法规

我国的固体废物管理法规体系由《中华人民共和国固体废物污染环境防治法》（以下简称《固体法》）及其配套实施政策法规和管理制度组成。《固体法》建立了固体废物环境管理的基本框架，与之配套的政策法规和管理制度则规定了更详

细地可操作性的要求。针对固体废物管理，我国制定了法律、法规、部门规章、地方法规和环境技术标准等一系列法律规范，包括国务院制定的法规、国务院部门单独或共同制定的部门规章、国务院有关部门宏观指导性意见和规划、国务院部门制定的规范性文件、国家和行业标准及技术规范、指南性文件、导向性技术政策和经济政策以及地方性法规。

5. 固体废物的综合利用

由于能源和资源短缺以及对环境问题认识的逐步加深，固体废物的综合利用越来越引起重视，固体废物综合利用的途径主要包括以下几种：

①提取有价值组分。例如，从金属冶炼渣中提取铜、铁、金、银等有价金属；从粉煤灰中提取玻璃微珠；从煤矸石中回收硫铁矿。

②回收各种有用物质。例如，纸张、玻璃、金属、塑料等固体废物的再生利用。

③生产建筑材料。例如，高炉渣、粉煤灰、煤矸石、废旧塑料、污泥、尾矿、建筑废物等都可以用于生产建筑材料，包括轻质骨料、隔热保温材料、装饰板材、防水卷材及涂料、生化纤维板、再生混凝土等。

④替代生产原料。例如，以粉煤灰、煤矸石、赤泥等为原料生产水泥；用铬渣代替石灰石作炼铁熔剂等。

⑤回收能源。热值很高且燃烧产物无害的固体废物，具有潜在的能量，可以充分利用。例如，热值高的固体废物通过焚烧供热、发电；利用餐厨垃圾、植物秸秆、人畜粪便、污泥等经过发酵可生成可燃性的沼气。

危险废物污染防治

1.什么是危险废物

根据《中华人民共和国固体废物污染防治法》的规定，危险废物是指列入国家危险废物名录或者根据国家规定的危险废物鉴别标准和鉴别方法认定的具有危险特性的废物。

根据《国家危险废物名录》的定义，危险废物为具有下列情形之一的固体废物和液态废物：

具有腐蚀性、毒性、易燃性、反应性或者感染性等一种或者几种危险特性的；

不排除具有危险特性，可能对环境或者人体健康造成有害影响，需要按照危险废物进行管理的。

危险废物的危害主要有：

①破坏生态环境。随意排放、贮存的危废在雨水地下水的长期渗透、扩散作用下，会污染水体和土壤，降低地区的环境功能等级。

②影响人类健康。危险废物通过摄入、吸入、皮肤吸收、眼接触而引起毒害，或引起燃烧、爆炸等危险性事件；长期危害包括重复接触导致的长期中毒、致癌、致畸、致变等。

③制约可持续发展。危险废物不处理或不规范处理处置所带来的大气、水源、土壤等的污染也将会成为制约经济活动的瓶颈。

因此，加强危险废物污染防治，是改善水、大气和土壤环境质量，防范环境风险，维护人体健康的重要保障，是深化环境保护工作的必然要求。

2. 发生突发危险废物污染事件应当如何处置

企业应当建立突发环境事件的应急预案。《中华人民共和国固体废物污染环境防治法》规定，因发生事故或者其他突发性事件，造成危险废物严重污染环境的单位，必须立即采取措施消除或者减轻对环境的污染危害，及时通报可能受到污染危害的单位和居民，并向所在地县级以上地方人民政府环境保护行政主管部门和有关部门报告，接受调查处理。《危险废物经营单位记录和报告经营情况指南》要求，危险废物经营单位一般应当在发生事故后立即以电话或其他形式报告，并在15天内以书面方式报告，事故处理完毕后应及时书面报告处理结果。

3. 日常生活中的危险废物

日常生活中产生的危险废物主要有：废药品及其包装物、废杀虫剂和消毒剂及其包装物、废油漆和溶剂及其包装物、废矿物油及其包装物、废胶片及废相纸、废荧光灯管、废温度计、废血压计、废镍镉电池、电子类危险废物等。

我国现有经济技术条件和管理体制对日常生活中产生的量小分散的危险废物难以进行有效管理，这些特定的废物如果进入生活垃圾，可以不按照危险废物进行管理，这也是国际通行的管理方式。

4. 我国关于危险废物污染防治的政策法规和标准规范

我国关于危险废物污染防治的政策法规和标准规范包括以下 8 个方面：

一是国家法规，《中华人民共和国固体废物污染环境防治法》对危险废物污染环境防治进行了特别规定；

二是国务院法规，如《医疗废物管理条例》《危险废物经营许可证管理办法》等；

三是部门规章，如《危险废物转移联单管理办法》《国家危险废物名录》《医疗废物分类目录》等；

四是宏观指导性文件和规划，如《关于进一步加强危险废物和医疗废物监管工作的意见》《“十二五”危险废物污染防治规划》；

五是规范性文件，如《“十二五”全国危险废物规范化管理督查考核工作方案》《关于将铬渣产生单位纳入重点污染源强化环境监管的通知》等；

六是指南性文件，如《危险废物经营单位编制应急预案指南》《危险废物经营单位审查和许可指南》等；

七是国家和行业标准及技术规范，如危险废物填埋、焚烧的污染控制标准，危险废物鉴别标准等；

八是导向性技术政策和经济政策，如《危险废物污染防治技术政策》等。

5. 危险废物常见处置方法

危险废物处置方法可分为物理法、物理化学法和生物法三大类，其中许多方法与化工生产是通用的。

①填埋法。土地填埋是危险废物最终处置的一种方法。此方法包括场地选择、填埋场设计、施工填埋操作、环境保护及监测、场地利用等几方面。其实质是将危险废物铺成一定厚度的薄层，加以压实并覆盖土壤。这种处理技术在国内外得到普遍应用。土地填埋法通常又分为卫生土地填埋和安全土地填埋。

②焚烧法。焚烧法是高温分解和深度氧化的综合过程。通过焚烧可以使可燃性的危险废物氧化分解，达到减少容积、去除毒性、回收能量及其副产品的目的。危险废物的焚烧过程比较复杂。由于危险废物的物理性质和化学性质比较复杂，对于同一批危险废物，其组成、热值、形状和燃烧状态都会随着时间与燃烧区域的不同而有较大的变化，同时燃烧后所产生的废气组成和废渣性质也会随之改变。因此，危险废物的焚烧设备必须适应性强、操作弹性大，并有在一定程度上自动调节操作参数的能力。

③化学法。化学法是一种利用危险废物的化学性质，通过酸碱中和、氧化还原以及沉淀等方式，将有害物质转化为无害的最终产物。许多危险废物是可以通过生物降解来解除毒性的，解除毒性后的废物可以被土壤和水体所接受。目前，生物法有活性污泥法、气化池法、氧化塘法等。

④固化法。固化法是将水泥、塑料、水玻璃、沥青等凝结剂同危险废物加以混合进行固化，使得污泥中所含的有害物质封闭在固化体内不被浸出，从而达到稳定化、无害化、减量化的目的。固化法能降低废物的渗透性，并且能将其制成具有高应变能力的最终产品,从而使有害废物变成无害废物。

其他产品类固体废物污染防治

1. 产品类固体废物污染的特点

随着我国工业化、城镇化进程加速和人民生活水平不断提高，产品更新换代周期缩短，产品类固体废物数量增长也随之加快。人类生产出多少种产品，就会产生多少种产品类固体废物。例如废电器电子产品、废塑料、废轮胎产量不断增加。产品类固体废物特别是含有有毒、有害物质的产品类固体废物如果回收利用不当，将会引发环境问题。产品类固体废物种类多、更新快、来源分散、收集困难，因此应当根据实际情况，选择技术上、经济上最可行的方式控制其环境风险。废塑料的“白色污染”、废轮胎的“黑色污染”、废电池、电子废弃物污染，都是产品废弃后对环境的污染。这些废物在环境中难以降解，如果处理处置不当，将会对环境造成危害。

2. 电子废物污染

电子废物中通常含有多种贵金属、贱金属和塑料等可回收利用的材料，规范处理处置可回收大量资源。但电子废物中还含有多种有毒、有害物质，如果采取简单的酸洗、焚烧等不规范的方式进行处理，会导致有害成分释放到环境中，其中的有毒有机物和铅、镉、汞等重金属，可能导致中毒，诱发癌症、新生儿畸形等。此外，如果电子废物进入不规范的二手市场进行维修、拼装，生产的不合格产品还可能危害消费者人身安全。

为了规范电子废物的回收处理活动，国家颁布了《废弃电器电子产品回收处理管理条例》《电子废物污染环境防治管理办法》《关于加强电子废物污染防治工作的意见》《废弃电器电子产品处理污染控制技术规范》等法律法规，建立了电子废物回收处理的管理体系，规范处置电子废物。

电子废物是一种典型的产品类固体废物，其产生源涵盖工业生产和社会生活的多个方面，我国每年产生废电视、废电冰箱、废洗衣机、废空调、废电脑等各类废弃电器电子产品数千万台。要防治电子废物环境污染和推动资源再生利用，最有效的方法是实行生产者责任延伸制度，促进其规范化回收和处理处置对于城市办公场所、家庭和个人产生者来说，将电子废物交给规范的回收单位，是承担环境责任、实践环境友好的最佳选择。

3. 废塑料可能造成的环境污染

废塑料是可重复利用的资源，将其回收后进行分类、清洗、拉丝、造粒，可加工成塑料再生制品或成品，但是处置不当会严重污染环境。废塑料的回收过程中会产生大量废水、废气和残余塑料垃圾，我国全行业年产生清洗废水上亿吨，残余塑料垃圾上百万吨。

为加强废塑料加工利用行业污染防治，保护公众身体健康，保障环境安全，促进循环经济健康发展，环境保护部、国家发展和改革委员会、商务部联合制定了《2012年废塑料加工利用行业污染专项整治工作方案》和《废塑料加工利用污染防治管理规定》，督促行业必须符合《废塑料回收与再生利用污染控制技术规范》，规范处置技术，科学管理，避免二次污染，实现无害化处置。

4. 废轮胎可能造成的环境污染

轮胎是由高分子材料制成，废弃后可用于生产再生胶、裂解炼油等。但处置不当则会造成严重的环境问题。比如废轮胎长期大量堆积会导致污水积存、蚊虫滋生，会易引发火灾进而严重污染大气和土壤。特别是废轮胎土法炼油，既会造成严重环境污染，又会浪费大量废轮胎资源，还威胁国内油品安全。废轮胎回收再加工行业无序竞争现象严重，能耗高。

为规范废旧轮胎综合利用行业发展秩序，加强环境保护提高资源综合利用技术和管理水平，引导行业健康持续发展，工业和信息化部公布了《轮胎翻新行业准入条件》和《废轮胎综合利用行业准入条件》，对于生产企业的设立和布局、生产经营规模、资源回收利用及能耗、工艺与装备、环境保护、防火安全、产品质量和职业教育、安全生产、监督管理等方面做出了相应的规定。

5.废弃电器、电子产品管理相关政策、法规

我国关于废弃电器、电子产品管理的政策、法规有以下几类：

一是国务院法规，如《废弃电器电子产品回收处理管理条例》；

二是部门规章，如《电子废物污染环境防治管理办法》《废弃电器电子产品处理资格许可管理办法》《电子信息产品污染控制管理办法》；

三是宏观指导性文件，《关于加强电子废物污染防治工作的意见》；

四是规范性文件，如《废弃电器电子产品处理目录（第一批）》《废弃电器电子产品处理基金征收使用管理办法》《关于组织开展废弃电器电子产品拆解处理情况审核工作的通知》；

五是指南性文件，如《废弃电器电子产品处理发展规划编制指南》《废弃电器电子产品处理企业补贴审核指南》《废弃电器电子产品处理企业建立数据信息管理系统及报送信息指南》《废弃电器电子产品处理企业资格审查和许可指南》等。

生活垃圾污染防治

1.什么是生活垃圾

人们在日常生活中或者为日常生活提供服务的活动中产生的固体废物，以及法律、行政法规规定视为生活垃圾的固体废物。垃圾主要包括居民生活垃圾、集市贸易与商业垃圾、公共场所垃圾、街道清扫垃圾及企事业单位垃圾等。

生活垃圾一般可分为四大类：可回收垃圾、餐厨垃圾、有害垃圾和其他垃圾。

可回收垃圾包括纸类、金属、塑料、玻璃等，通过综合处理回收利用，可以减少污染，节省资源；餐厨垃圾包括剩菜剩饭、菜根、菜叶等食品类废物；有害垃圾包括废电池、废日光灯管、废水银温度计、过期药品等；其他垃圾包括除上述几类垃圾之外的砖瓦陶瓷、渣土、卫生间废纸等难以回收的废弃物。

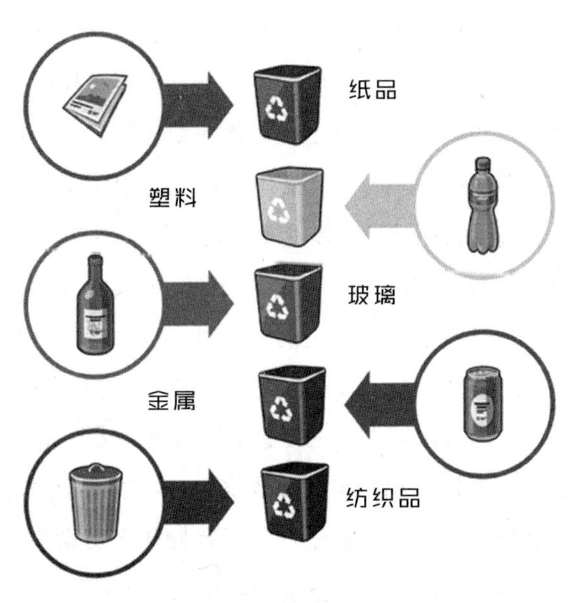

可回收垃圾

2. 生活垃圾的处理处置

常用的垃圾方法主要有综合利用、卫生填埋、焚烧和堆肥。

填埋是消纳大量城市生活垃圾的有效方法，也是所有垃圾处理工艺剩余物的最终处理方法。垃圾在填埋场发生生物、物理、化学变化，分解有机物，达到减量化和无害化的目的。但填埋占用土地较多，臭气不容易控制，渗滤液处理难度较高，生活垃圾稳定化周期较长，生活垃圾处理可持续性较差，环境风险影响时间长。卫生填埋场填满封场后需进行长期维护，以及重新选址和占用新的土地。

垃圾焚烧是将垃圾置于高温炉中，使其中可燃成分充分氧化的一种方法，其产生的热量可用于发电和供暖。生活垃圾焚烧处理具有“减量化、资源化、无害化”的优点，而且焚烧设施占地较省，垃圾稳定化迅速，减量效果明显，生活垃圾臭味控制相对容易，焚烧余热可以用于发电或供热。但焚烧处理技术较复杂，对运行操作人员素质和运行监管水平要求较高，建设投资和运行成本较高。

将生活垃圾堆积成堆，保温至55～70℃储存、发酵，借助垃圾中微生物分解的能力，将有机物分解成无机养分。垃圾经过堆肥处理后，生活垃圾变成卫生的、无味的腐殖质，既解决垃圾的出路，又可达到再资源化的目的。堆肥处理适用于处理可降解有机垃圾，如家庭餐厨垃圾、园林垃圾等。生活垃圾经过堆肥处理后，可用作土壤改良剂或肥料。但堆肥处理过程中易产生臭气、污水和残渣。

3. 公众如何在日常生活中参与生活垃圾污染防治

日常生活中，我们应从源头控制生活垃圾的产生量；购买电池时选择无汞电池，避免电池对环境造成的污染；

多使用菜篮子、布袋子或可降解的购物袋和垃圾袋；选择城市燃气、太阳能等清洁能源作为燃料；将生活垃圾中废纸、废塑料、废金属等可回收垃圾单独收集存放，出售给废品回收人员；积极采取措施控制生活垃圾中的水分；尽量分开盛放和投放厨余垃圾，垃圾倾倒前滤掉水分；开发垃圾的再利用价值，如将吃完的果皮当作盆栽等家庭绿植的肥料，将咖啡渣用作冰箱除臭剂，用三角台历做成小饰品的收纳盒，用旧报纸做成垃圾袋，用旧雨伞上的布做成提兜等。

进口固体废物及危险废物出口污染防治

1.什么是“洋垃圾”

“洋垃圾”一般是指国家禁止进口的不能用作原料的固体废物，如城市生活垃圾、医疗废物等。广义的“洋垃圾”还包括国家允许进口的可用作原料的固体废物中不符合《进口可用作原料的固体废物环境保护控制标准》要求的部分固体废物。

2.进口固体废物管理措施

国家许可进口的可用作原料的固体废物不是“洋垃圾”，其主要包括废纸、废金属（包括钢铁、铜和铝等金属废碎料）和废塑料等国内俗称的再生资源。根据《关于调整进口废物管理目录的公告》（2017年第39号），将来自生活源的废塑料（8个品种）、未经分拣的废纸（1个品种）、废纺织原料（11个品种）、钒渣（4个品种）共4类24种固体废物，从《限制进口类可用作原料的固体废物目录》调整列入《禁止进口固体废物目录》。

2018年3月，生态环境部召开第一次部常务会议，审议并原则通过《关于全面落实〈禁止洋垃圾入境推进固体废物进口管理制度改革实施方案〉2018—2020年行动方案》《进口固体废物加工利用企业环境违法问题专项督查行动方案（2018年）》和《垃圾焚烧发电行业达标排放专项整治行动方案》。

禁止洋垃圾入境是党中央、国务院在新时期新形势下做出的一项重大决策部署，是我国生态文明建设的标志性举措。开展进口固体废物加工利用企业环境违法问题专项督查行动是深入落实党中央、国务院决策部署的重要举措，是大力发展循环经济、推动企业守法经营的有效抓手。

治理垃圾焚烧发电行业污染是打好污染防治攻坚战的重要内容。开展行业达标排放专项整治行动将有力推动垃圾规范处置，对垃圾处理行业健康稳定发展具有重要意义。要谋划好、落实好各项工作部署，以坚强的意志和决心攻坚克难，确保行动落地见效。要坚决落实地方政府监管主体责任，做到责任清晰、分工明确。要严格落实企业环境治理主体责任，督促企业实现达标排放。强化督查检查，对发现的突出问题严查严办，推动行业综合整治，加快提升行业整体环境管理水平。要深入调查研究，将工作做实做细，有效防范和化解社会风险。

3. 我国的危险废物出口管理

我国作为《控制危险废物越境转移及其处置巴塞尔公约》（以下简称《巴塞尔公约》）缔约方之一，一直严格按照其要求履行危险废物出口程序。2007 年，国家环境保护总局发布《危险废物出口核准管理办法》（以下简称《办法》）。《办法》是我国《巴塞尔公约》履约工作在国内法规建设中的具体体现，其有关规定与《巴塞尔公约》的要求一致。

《办法》规定，在中华人民共和国境内产生的危险废物应当尽量在境内进行无害化处置，减少出口量，降低危险废物出口转移的环境风险。禁止向《巴塞尔公约》非缔约方出口危险废物。如果向中华人民共和国境外《巴塞尔公约》缔约方出口危险废物，必须取得危险废物出口核准。

《办法》要求，危险废物出口者对每一批出口的危险废物，应当填写并报送《危险废物越境转移——转移单据》《运输前信息报告单》《离境信息报告单》《抵达进口国(地区)信息报告单》《处置或者利用完毕信息报告单》《危险废物出口总结信息报告单》等有关材料。

《办法》的出台，增强了我国危险废物出口管理的规范性和科学性，有力地推动了我国《巴塞尔公约》的履约工作，维护了危险废物出口者的合法权益，也使得我国危险废物全过程管理的法规体系得到进一步完善。